Dimitri Falk

Fotogeologische Interpretation von Luftbildern des Lake Lahontan

GRIN Verlag

Bibliografische Information der Deutschen Nationalbibliothek:

Die Deutsche Bibliothek verzeichnet diese Publikation in der Deutschen Nationalbibliografie; detaillierte bibliografische Daten sind im Internet über http://dnb.d-nb.de/ abrufbar.

Impressum:

Druck und Bindung: Books on Demand GmbH, Norderstedt Germany
ISBN: 978-3-656-60706-9

Dieses Buch bei GRIN:

http://www.grin.com/de/e-book/269573/fotogeologische-interpretation-von-luftbildern-des-lake-lahontan

RWTH Aachen

Lehr- und Forschungsgebiet Neotektonik und Georisiken

16.09.2013

Fernerkundung

Sommersemester 2013

Hausarbeit

Fotogeologische Interpretation von Luftbildern des Lake Lahontan

Dimitri Falk

Dimitri Falk

8. Semester

Studienfach: B.Sc. Angewandte Geographie

Inhaltsverzeichnis

1 Einleitung

Die vorliegende Arbeit stellt hauptsächlich eine mit Hilfe eines Stereoskops durchgeführte visuelle fotogeologische Interpretation von drei im Seminar zur Verfügung gestellten Luftbildern mit einem Maßstab von 1:43.200 vom 18.12.1947 dar. Der Fokus der Arbeit liegt nach einer initialen Beschreibung des zu untersuchenden Gebietes primär auf der Ausweisung und Deutung von geologischen sowie morphologischen Strukturen und Einheiten, sekundär auf der Beschaffenheit der lokalen Vegetation, der anthropogenen Einflussnahme im Bereich der Aufnahmen sowie auf weiteren kontextuellen und visuell identifizierbaren Besonderheiten.

Unter Zuhilfenahme weiterer von den USGS-Servern bezogenen Fernerkundungsdaten wie einer Landsat-TM-Aufnahme vom 05.07.1989 sowie eines Aster GDEM vom 17.10.2011 (USGS 2013) wurde bezweckt, einen Informationsgewinn im Hinblick auf die Landbedeckung sowie das Relief des Untersuchungsgebietes zu erhalten. Trotz der zeitlichen Differenz zwischen der Generierung der verwendeten fernerkundlichen Datensätze sowie der im Vergleich zu den Luftbildern niedrigeren räumlichen Auflösung in Höhe von 30 m wurden die Aufnahmen als Hilfestellung zur Interpretation des Ausschnittes dennoch als gut geeignet angesehen. Ebenfalls Verwendung fanden in GoogleEarth integrierte Aufnahmen der Farm Service Agency des United States Department of Agriculture vom 31.08.2010 mit einer vergleichsweise hohen räumlichen Auflösung.

2 Lage des Untersuchungsgebietes

Die Luftbilder umfassen den Randbereich des spätpleistozänen Lake Lahontan im Bundesstaat Nevada der Vereinigten Staaten von Amerika, dessen ehemalige Lage und Erstreckung anhand von Abb. 1 nachvollzogen werden kann. Die dabei abgelagerten lakustrinen Sedimente wurden entsprechend des stark fluktuierenden Seespiegels im Spätpleistozän abgelagert und sind an markanten Stellen im angrenzenden Bergland aufgeschlossen (Morrison 1964:2).

Das durch die Luftbilder abgedeckte Untersuchungsgebiet erstreckt sich dabei über eine Fläche von ca. 150 km^2 von 39,194° N bis 39,342° N sowie von 118,826° W bis 118,934° W im zugehörigen Churchill County südwestlich von Fallon und des Carson Lakes als Relikt des ehemaligen Lake Lahontan (Morrison 1964:2).

Abb. 1: Lage des Untersuchungsgebietes (eigene Darstellung nach Natural Earth 2013).

3 Visualisierung der als Datengrundlage verwendeten Luftbilder

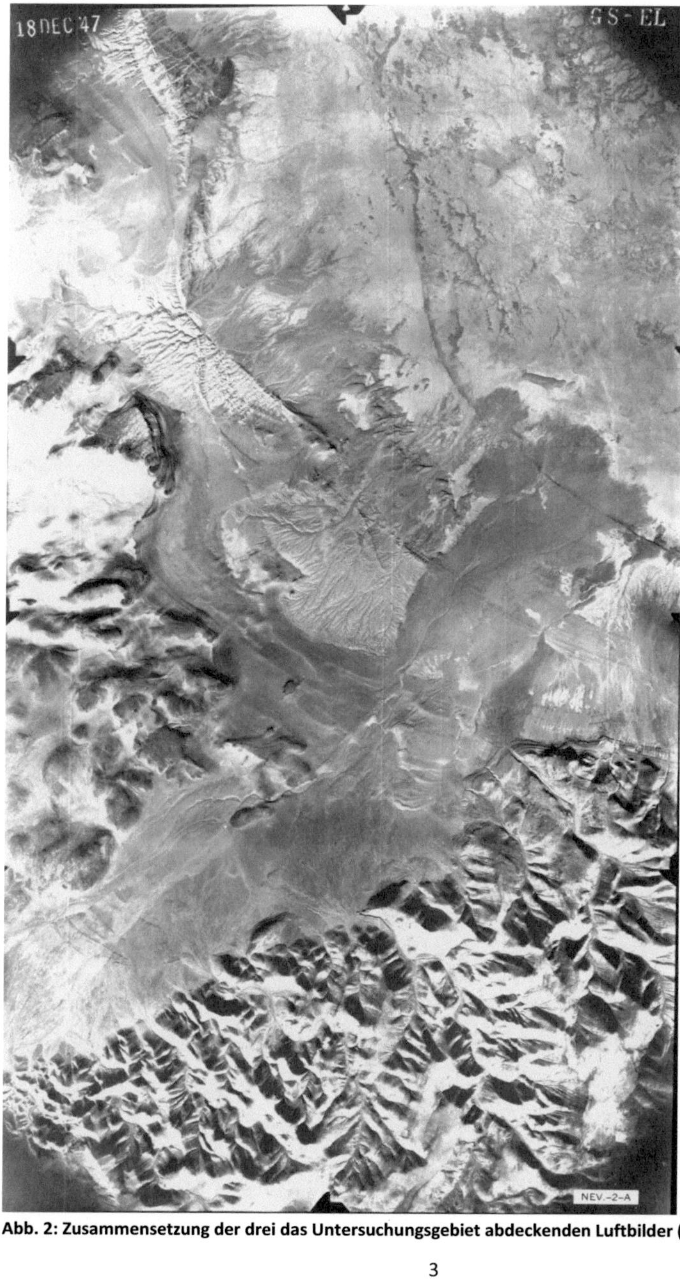

Abb. 2: Zusammensetzung der drei das Untersuchungsgebiet abdeckenden Luftbilder (eigene Darstellung).

4 Geologische Interpretation der Luftbilder

4.1 Topographie und zugehöriges Höhenprofil

Bei der Betrachtung der generellen topologischen Gegebenheiten im Untersuchungsgebiet fällt auf, dass eine Gliederung des Raumes in die nachfolgenden Reliefeinheiten vollzogen werden kann:

1) Ein sedimentologisches Becken mit einer Fläche von ca. 70 km^2, welches sich vom zentralen Bereich bis in den NE der Aufnahmen erstreckt und Höhen zwischen 1175 und 1250 m a.s.l. aufweist

2) Ein das Becken im SE der Aufnahmen einrahmender Gebirgszug mit einer Fläche von ca. 40 km^2 und durchschnittlichen Höhen zwischen 1350 und 1950 m a.s.l.

3) Ein das Becken im N und W einrahmender, inselhaft ausgeprägter Gebirgszug mit einer Fläche von 20 km^2 und durchschnittlichen Höhen zwischen 1300 und 1400 m a.s.l.

4) Ein im SW die beiden Gebirgszüge trennendes ca. 2 km breites Tal sowie zwei im W durch den Gebirgszug verlaufende Senken mit einer Gesamtfläche von ca. 20 km^2 und durchschnittlichen Höhen zwischen 1250 und 1350 m a.s.l.

Die Quantifizierung der Reliefeinheiten im Sinne der Ermittlung der durchschnittlichen Höhenlagen sowie deren Ausdehnung erfolgte in ArcGIS unter Zuhilfenahme eines auf das Untersuchungsgebiet zugeschnittenen Aster GDEM (vgl. Anh. 1). Ebenfalls erfolgte die Visualisierung der zwei nachfolgenden Reliefprofile in Abb. 3 und 4 auf Grundlage des akquirierten digitalen Höhenmodells. Anhand dieser Profile wird deutlich, dass die höchste Erhebung im SE des Untersuchungsgebietes liegt und das Relief sukzessive auf die oben beschriebenen Höhen gemäß des Verlaufes der jeweilig ausgewiesenen Reliefeinheiten abflacht. Sowohl die räumliche Lage der Höhenprofile als auch die Untergliederung in die oben beschriebenen Reliefeinheiten vor dem Hintergrund der Luftbilder ist dem Anh. 2 zu entnehmen.

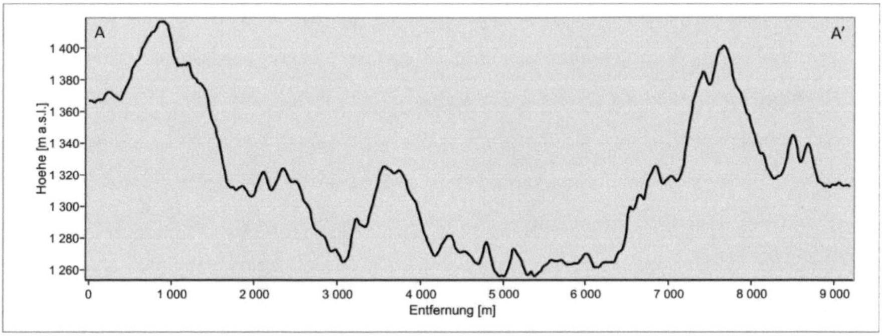

Abb. 3: Reliefprofil durch das Untersuchungsgebiet von A nach A' (eigene Darstellung nach USGS 2013).

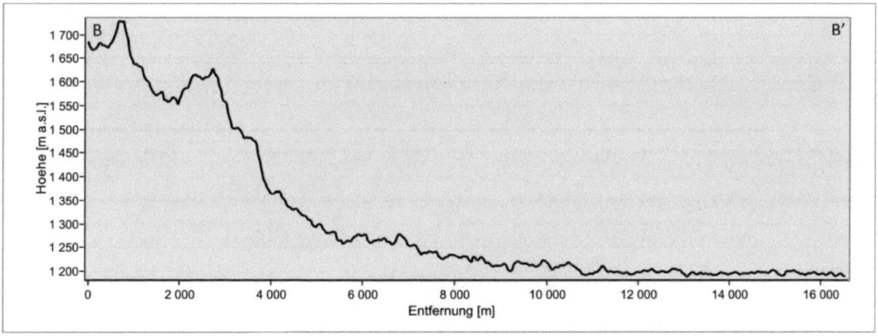

Abb. 4: Reliefprofil durch das Untersuchungsgebiet von B nach B' (eigene Darstellung nach USGS 2013).

4.2 Geologische Interpretation der Lineamente

Auffallend sind die zahlreichen durch die Aufnahmen verlaufenden linearen Strukturen, die größtenteils geschwungen ausgeprägt sind, streckenweise aber auch ziemlich gerade verlaufen können. Bei den Lineationen im Randbereich des Beckens ist aufgrund der evidenten in der Morphologie sichtbaren Geländekanten, dem ersichtlichen geologischen Substratwechsel und dem sanft-geschwungenen Verlauf davon auszugehen, dass es sich dabei um die verschiedenen Strandterrassen des spätpleistozänen Lake Lahontan handelt. Hervorzuheben ist an dieser Stelle, dass die Strandterrassen sowohl in den Lockersedimenten des Beckenbereiches als auch in den Festgesteinen des Gebirges in vielfacher Anzahl verfolgt werden können, wodurch die jeweiligen Seespiegelstände evident werden. Allerdings muss angeführt werden, dass es vermutlich nur zwei bis drei sehr markante Seespiegelschwankungen gab, wodurch es zur Ausbildung von durchgängig nachvollziehbaren Terrassen kam, während die kleinen Seespiegelschwankungen entweder nicht überall zu der Bildung von neuen Strandterrassen führten oder aber diese im Laufe des Holozäns morphologisch wieder überprägt wurden und daher nicht mehr in den Aufnahmen nachzuvollziehen sind. Bei der markanten linearen Struktur im NE-Bereich der Aufnahmen ist aufgrund der fehlenden genannten Indikatoren davon auszugehen, dass es sich um eine tektonische Verwerfung handelt, auch wenn rein visuell kein markanter Versatz der Deckschichten zu verzeichnen ist. Der räumliche Verlauf der beschriebenen Lineamente im Untersuchungsgebiet ist dabei in Anh. 3 dargestellt.

4.3 Geologisch-morphologische Gliederung des Untersuchungsgebietes

Gemäß der in Kap 4.1 ausgegliederten topologischen Einheiten soll nachfolgend auf die geologisch-morphologische Beschreibung des Untersuchungsgebietes eingegangen werden. Der im SE der Aufnahmen als topologische Einheit 2 beschriebene Gebirgszug weist eine verhältnismäßig dunkle Färbung auf, verfügt über keine erkennbare Schichtung, weist relativ scharfe Grate auf und verfügt über eine hohe Erosionsstabilität, da sich in dieser geologischen Einheit bis zu 200 m tiefe Täler ausbilden konnten ohne dass die Denudationswirkung überwog und die Täler durch den flächenhaften Abtrag von den Hängen wieder verfüllt und somit abgeflacht wurden. Ein dendritisch verlaufendes Drainagemuster belegt nicht nur den fehlenden Schichtverlauf, sondern auch eine vermutlich nicht vorhandene Klüftung, sodass davon auszugehen ist, dass das Gestein noch nicht lange tektonisch beansprucht worden sein kann und vergleichsweise jungen Alters ist. Aus diesem Grunde ist davon auszugehen, dass es sich dabei um vulkanische Gesteine wie Basalte oder Andesite handelt, die möglicherweise tertiären Ursprungs sind.

Der im N und W als topologische Einheit 3 beschriebene inselhaft ausgeprägte Gebirgszug scheint im Wesentlichen ebenfalls aus jenen tertiären Basalten oder Andesiten zu bestehen. Allerdings wird deutlich, dass das Festgestein zum einen nur in den Kuppenlagen ansteht, welche zudem konvex ausgeprägt und nicht durch die zuvor beschriebenen scharfen Grate gekennzeichnet sind, und zum anderen die Senken bzw. Täler mit hellen Sedimenten verfüllt wurden und somit eine konkave Form aufweisen, was den sanften Übergang zwischen Fest-

und Lockergestein umso verstärkt. Vor dem Hintergrund der lakustrinen Historie des Untersuchungsgebietes und der in Kap 4.1 beschriebenen Höhen kann dies daher insofern gedeutet werden, als dass bei einem Maximalstand des Seespiegels womöglich diese topologische Einheit überflutet wurde, sodass die Senken mit lakustrinen Sedimenten verfüllt wurden, während an den im SE anstehenden Basalten/Andesiten lediglich eine Strandterrasse ausgebildet wurde. Denkbar wäre neben einer alluvial-kolluvialen Verfüllung allerdings auch eine äolische Komponente, wofür die womöglich auch durch Windschliff verursachte sanfte Morphologie der Kuppen sprechen würde, dagegen allerdings die fehlenden äolischen Erosions- und Akkumulationsformen im südöstlichen Gebirgszug.

Das als topologische Einheit 1 beschriebene Becken, das sich in den nordöstlichen Bereich der Aufnahmen erstreckt, weist eine entsprechend flache Morphologie auf und ist mit lakustrinen Sedimenten unterschiedlich dominanter Korngrößen verfüllt, was sich in der Farbe und Erosionsanfälligkeit der Sedimente bemerkbar macht. So können die sehr hellen und stark zerschnittenen Sedimente im zentralen Bereich der Aufnahme als unter anaeroben Umweltbedingungen abgelagerten Schluffe oder Tone gedeutet werden, die rezent durch saisonale Niederschläge sukzessive zerschnitten werden. Die umgebenden etwas dunkleren grauen Lockersedimente weisen durch ihre glatte Oberfläche einen Kontrast auf und können als Sande aufgefasst werden, während die in diesen Sanden NW-SE verlaufenden etwas helleren morphologischen Rücken aufgrund ihrer relativen Erosionsresistenz als Kiese gedeutet werden können. Entwässert wird das Becken dem Gefälle folgend nach NE, wobei die Schluffe/Tone ein stark verzweigtes dendritisches Drainagemuster aufweisen und die Sande eher durch einen deutlich ausgeprägten Talverlauf gekennzeichnet sind. Im NE des Beckens weisen die lakustrinen Sedimente eine weniger deutliche Differenzierung auf, sodass diese eventuell als äolisch überprägte Seichtwasserablagerungen des zurückweichenden Sees zu deuten sind.

Die als topologische Einheit 4 beschriebenen westlichen Senken sowie das südwestliche Tal scheinen ebenfalls im Rahmen des Maximalstandes mit lakustrinen Sedimenten in Form von Sanden verfüllt worden zu sein, die dann nachträglich – v.a. im südwestlichen Tal – durch zahlreiche Schwemmfächer überprägt wurden, die aufgrund des nachlassenden Gefälles von den Gebirgszuflüssen aufgeschüttet wurden.

4.4 Vegetationsbedeckung und anthropogene Strukturen

Eine Vegetationsbedeckung im Untersuchungsgebiet in Form von Bäumen oder Büschen ist den Aufnahmen nicht zu entnehmen, was allerdings bei einem durchschnittlichen Jahresniederschlag von 126,5 mm in den Jahren 1948 bis 1984 auf die fehlende Feuchtigkeit zurückgeführt werden kann (Western Regional Climate Center 2013). Es ist davon auszugehen, dass zumindest die feuchteren Senken mit einer partiell geschlossenen Mattenvegetation bedeckt sind, welche allerdings nicht auf den Luftbildern zu erkennen ist, ansatzweise jedoch aus dem auf Grundlage der Landsat-Aufnahme berechneten NDVI vermutet werden kann.

Anthropogene Siedlungs- oder Bewirtschaftsstrukturen sind in dem durch die Aufnahme abgedecktem Gebiet im Aufnahmejahr nicht auszumachen, lediglich einige untergeordnete lineare Strukturen im zentralen Beckenbereich, die weder nach Strandterrassen oder Abflussrinnen, noch nach tektonischen Verwerfungen aussehen, können als das Becken querende Straßen verstanden werden.

5 Fazit

Abschließend kann festgehalten werden, dass im durch die Luftbilder abgedecktem Untersuchungsgebiet die tertiären basaltischen/andesitischen Lavaströme die höchsten Erhebungen darstellen und fluvial stark zerschnitten wurden. Durch quartäre Schwankungen des Seespiegels des Lake Lahontans sind nicht nur zahlreiche Strandterrassen als Zeugnis einer ehemals weitläufigeren Ausdehnungs des Sees evident, sondern auch die Verfüllung der Senken des westlichen Gebirgszuges mit lakustrinen Sedimenten. Diese füllen in Form von Tonen, Schluffen, Sanden und Kiesen auch das ganze sich nach NE erstreckende Becken aus, was sich in v.a. in den Farbkontrasten und morphologischen Differenzen zeigt. Im NE des Beckens kommt es zudem zu einer äolischen, im SW der Aufnahme zu einer fluvialen Überprägung der lakustrinen Sedimente.

Methodisch ist anzumerken, dass die initiale geologische Interpretation eines Raumes bereits durch die visuell erkennbaren Kontraste im Hinblick auf die Topologie, die Morphologie, erkennbare Strukturen und Muster sowie die Farbgebung vollzogen werden kann.

Literatur

Morrison, R. B. (1964): Lake Lahontan – Geology of Southern Carson Desert, Nevada. In: Geological Survey Professional Paper 401. Washington: United States Government Printing Office.

Natural Earth (2013): 1:10m Physical Vectors. <http://www.naturalearthdata.com/downloads/10m-physical-vectors/ abgerufen am 13.06.2013>

United States Geological Survey (USGS) (2013): EarthExplorer. <http://earthexplorer.usgs.gov abgerufen am 12.06.2013>

Western Regional Climate Center (2013): FALLON EXPERIMENT STN, NEVADA (262780). <http://www.wrcc.dri.edu/cgi-bin/cliMAIN.pl?nv2780 abgerufen am 14.06.2013>

Anhang

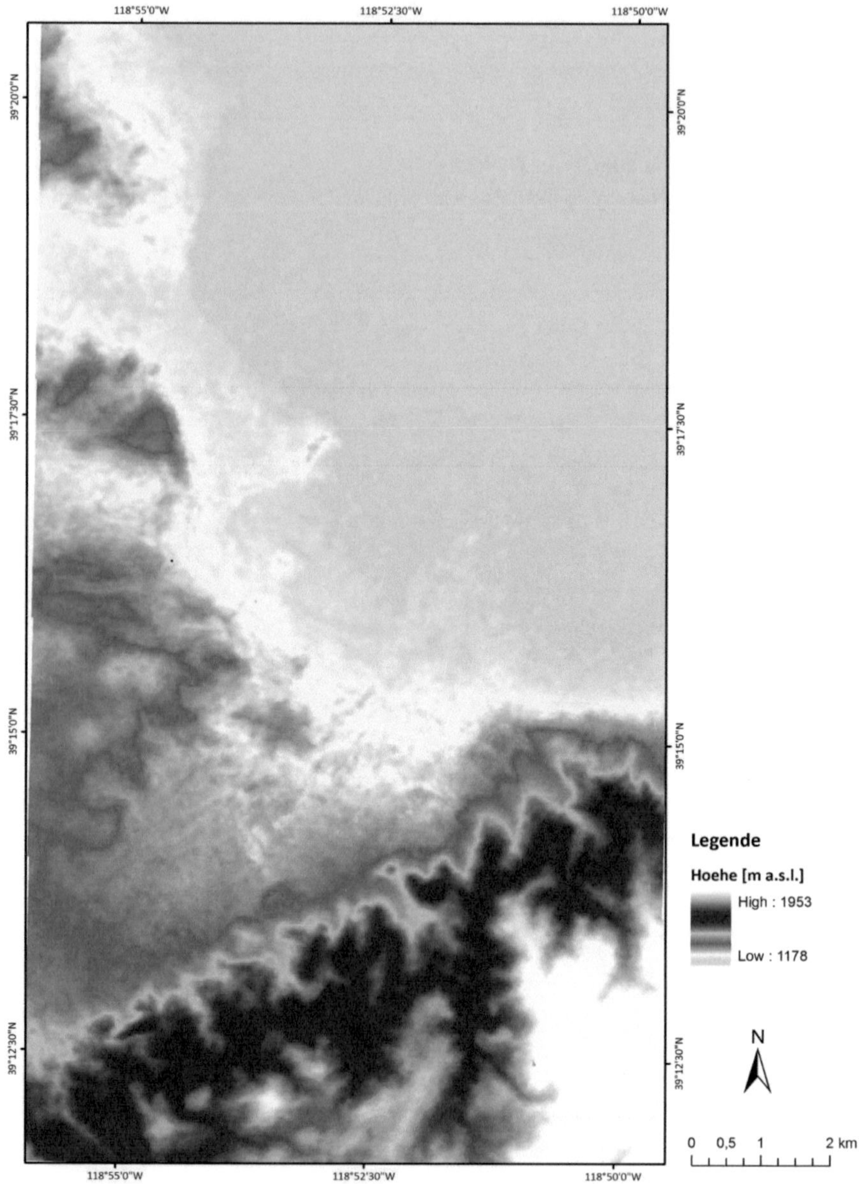

Anh. 1: Visualisierung des Aster GDEM (eigene Darstellung nach USGS 2013).

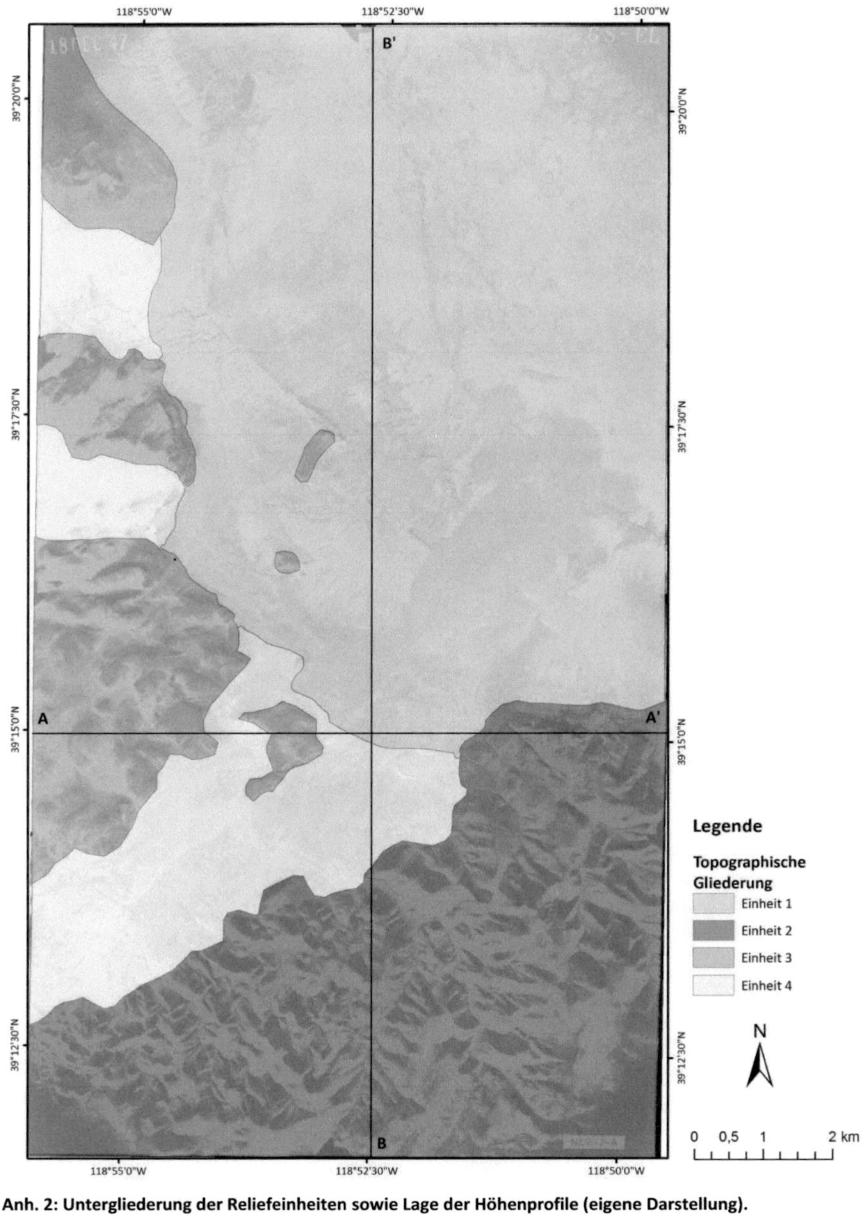

Anh. 2: Untergliederung der Reliefeinheiten sowie Lage der Höhenprofile (eigene Darstellung).

Anh. 3: Interpretation der visualisierten linearen Strukturen im Untersuchungsgebiet (eigene Darstellung).